Bowring ton
鵝頸橋

認識香港系列

香港傳統習俗故事 ①

鄧子健　圖 / 文

新雅文化事業有限公司
www.sunya.com.hk

認識香港系列

香港傳統習俗故事 ①（增訂版）

圖　　文：鄧子健

責任編輯：甄艷慈、黃婉冰

設計製作：李成宇、陳雅琳

出　　版：新雅文化事業有限公司

　　　　　香港英皇道499號北角工業大廈18樓

　　　　　電話：（852）2138 7998

　　　　　傳真：（852）2597 4003

　　　　　網址：http://www.sunya.com.hk

　　　　　電郵：marketing@sunya.com.hk

發　　行：香港聯合書刊物流有限公司

　　　　　香港荃灣德士古道220-248號荃灣工業中心16樓

　　　　　電話：（852）2150 2100　　傳真：（852）2407 3062

　　　　　電郵：info@suplogistics.com.hk

印　　刷：中華商務彩色印刷有限公司

　　　　　香港新界大埔汀麗路36號

版　　次：二〇一六年七月初版

　　　　　二〇二四年六月第四次印刷

ISBN: 978-962-08-6543-5

© 2016 Sun Ya Publications (HK) Ltd.

18/F, North Point Industrial Building, 499 King's Road, Hong Kong

Published in Hong Kong, China

Printed in China

鳴謝：大埔林村許願樹照片由Carrie Hon提供；
　　　大坑舞火龍中的小照片由Andy Kwok提供。

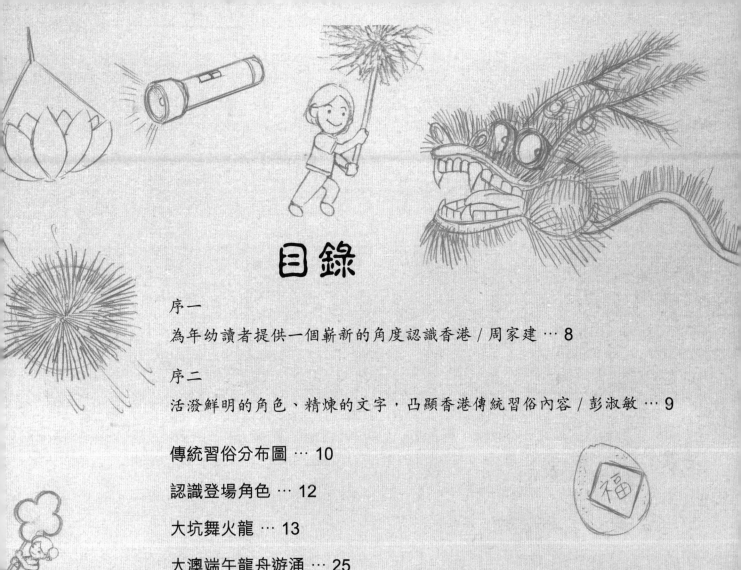

目錄

為年幼讀者提供一個嶄新的角度認識香港

　　香港位於珠江河口,有着豐富的民俗文化內涵,當中包括成功列入第三批國家級非物質文化遺產名錄的長洲太平清醮、大澳端午龍舟遊涌、大坑舞火龍和香港潮人盂蘭勝會。以上四個項目,皆屬於聯合國教科文組織《保護非物質文化遺產公約》中的「社會實踐、儀式、節慶活動」類別。

　　四個項目有着不同的起源,但都帶有濃烈的地方色彩,背後亦蘊藏着深層的意義,例如盂蘭勝會提倡的「孝道」,長洲太平清醮、大澳端午龍舟遊涌、大坑舞火龍體現出的「凝聚居民歸屬感」。各項目均帶着薪火相傳的信念,如兒童參與長洲太平清醮內的「飄色」巡遊,以及年青一輩學習大坑的火龍紮作等等。以上種種,不單傳統工藝和社區融和得到重視,更可視之為一個社會傳統文化的延續。

　　展現非物質文化遺產,可透過不同途徑,當中「繪本」便是一個嶄新的嘗試。透過閱讀,不單培養愛看書、愛讀書的文化習性,更可從文字和圖畫裏學習思考和得到啟發。「繪本」有別於課本,圖畫的比例比其他類書多。經由圖像喚起特定的情景、特定的語言與對話,圖文並茂地營造出完美的故事。繪本對兒童成長,有着深重的意義。圖畫書是兒童認知世界的第一種「載體」,透過內容豐富的圖畫書擴闊視野和認知範圍,從而培養出他們的探索精神。經過探索,就能培養主動學習的動力,從而啟發出獨立思考,強化他們對社會的認知。此外,兒童從小接受傳統文化的薰陶,在認識非物質文化遺產的同時,能放眼世界,認識本土文化和關懷社會,增強他們對香港的歸屬感。

　　家長與兒童一起閱讀,是一項有益及有意義的親子活動。透過書本上的知識,附以親身觀察或參與以上四個「非遺」項目的活動,更可取得相得益彰的效果。

　　此繪本以香港的國家級非物質文化遺產為題材,深入淺出地探索各項目的來由和特色,期望此書為年幼讀者提供一個嶄新的角度認識香港。

周家建博士

香港大學中文學院研究助理

活潑鮮明的角色、精煉的文字，凸顯香港傳統習俗內容

　　香港創意藝術會會長鄧子健先生的兒童繪本《香港傳統習俗故事》，從藝術創作的專業角度出發，以初小學生為對象，運用活潑鮮明的角色設定，凸顯八項香港非物質文化遺產的歷史沿革和主要內容，包括於2011年成功列入第三批國家級非物質文化遺產名錄的長洲太平清醮、大澳端午龍舟遊涌、大坑舞火龍和香港潮人盂蘭勝會，以及鵝頸橋打小人、大埔林村許願樹、元朗屏山盆菜和沙田車公廟等，也反映了對香港地區歷史文化的重視。

　　本書能寓教育於娛樂，由繪本色彩斑斕的圖畫及精煉的文字構成故事性的描述，小讀者可直接掌握本土非物質文化遺產的主要特徵，以及相關的歷史文化價值，閱讀這書已是一種樂趣。再者，本書透過藝術創作傳遞社會責任，引導小讀者從身邊的事例出發，關注保護非物質文化遺產的國際性議題，教育意義深遠。

　　本書的一大特色乃能關注這些非物質文化遺產當中的人際關係。繪本中的故事角色擁有鮮明的人物性格，不少的描述也重視人與人之間的生活聯繫，帶着真摯的情感，能引導小讀者掌握歷史文化中的人、情、事，對於他們的成長來說，也是非常重要的。同時，繪本具體反映了非物質文化產生的時代背景，更擴闊至探討本地的傳統信仰與生活習俗的傳承，當中涉及表演藝術、社會實踐、儀式、節慶活動、口頭傳說和表現形式、傳統手工藝及有關自然界和宇宙的知識與實踐，着重保護、推廣和承傳這些文化遺產，為香港保留了不少的集體回憶。

彭淑敏博士

香港樹仁大學歷史系高級講師

傳統習俗分布圖

元朗屏山
盆菜

大嶼山

大澳端午
龍舟遊涌

長洲
太平清

新界

大埔林村
許願樹

沙田車公廟

九龍

香港潮人
盂蘭勝會

大坑火龍

大坑舞火龍

鵝頸橋
打小人

港島

11

認識登場角色：

大頭佛
天生好奇，會和獅子頭出現於香港的大小節慶，帶我們去認識香港的傳統習俗。

獅子頭
喜歡探索，會和大頭佛出現於香港的大小節慶，帶我們去認識香港的傳統習俗。

鹹魚先生
來自大澳，熱情好客。

天后娘娘
保護漁民的女神，心地善良。

紙老虎
經常被打手婆婆欺負，最愛吃肥豬肉。

打手婆婆
性格火爆，喜歡打小人。

寶牒（音碟）和橙
生性活潑，喜歡和許願樹玩耍。

許願樹
年老的大樹，被大量的寶牒弄致重傷，後來退休。

大坑舞火龍

2011年被列入第三批
國家級非物質文化遺產名錄

農曆八月十五的月亮好圓，好大，好明亮啊！

Wun Sha Street
浣紗街

在中秋節的晚上，大頭佛和獅子頭來
到銅鑼灣的大坑浣紗街散步……

為什麼要舞火龍呢？

因為今天是中秋節，銅鑼灣的大坑舉行舞火龍盛會。

很久以前，大坑村出現了一條大蟒蛇，牠吞食村裏的家畜，村民們合力打死牠。不久之後，大坑村發生瘟疫，多名村民生病死亡了。

當時，有一個道士說這條大蟒蛇是海龍王的兒子，因此海龍王要降疫症懲罰大坑村，報復殺子之仇。

海龍王最怕火龍，因為火克制水。道士教村民在中秋節連續三晚，即農曆八月十四至十六日的晚上舞火龍，就可以解脫這場災難。村民們照辦，疫症真的解除了，故沿襲到現在。

原來是這樣。那麼火龍是怎樣製造的呢？

火龍身體全長67米，分為32節。先用粗麻繩紮成龍骨，再用稻草紮成龍身。龍頭用藤條屈曲做骨架，龍牙用鋸齒的鐵片造成，雙眼是手電筒，舌頭是漆紅的木片。

雙眼用手電筒造成。

全身插滿長壽香燭。

尾巴用芭蕉葉造成。

舞龍時，全條龍身都插上火紅的長壽香燭，在夜間舞動，點點星火，十分壯觀。

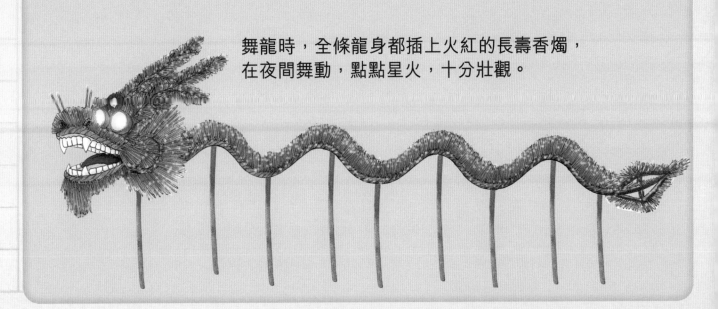

沙田柚

上面的沙田柚有什麼用呢?

它是龍珠,帶引舞龍。龍珠是個插滿線香的沙田柚,一共有兩個。

除了舞火龍外，居民還會拿着不同形狀、不同款式的燈籠舉行燈籠巡遊，四周還會掛滿祝賀的花牌。

這個我知道。我還知道花牌分成幾個部分：頂部的鳳頭、中間的四方包、下方的兜肚。兩旁有龍柱和龍珠，竹棚上還掛着燈籠。

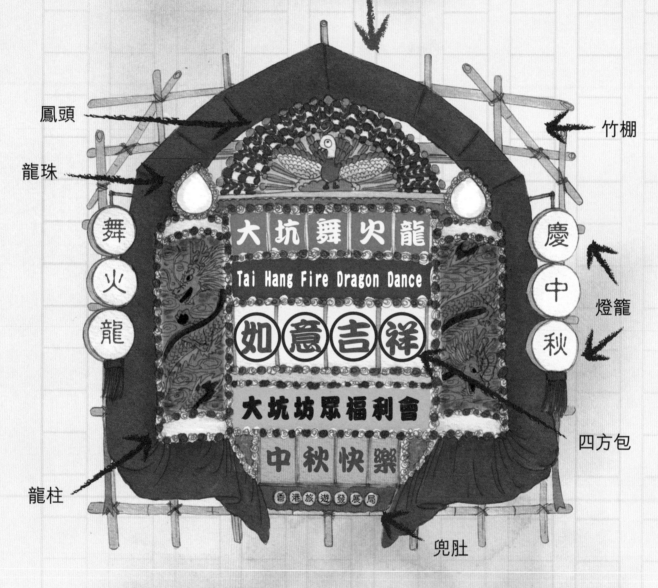

鳳頭

龍珠

舞火龍

大坑舞火龍
Tai Hang Fire Dragon Dance
如意吉祥
大坑坊眾福利會
中秋快樂
香港旅遊發展局

龍柱

慶中秋

竹棚

燈籠

四方包

兜肚

花牌象徵吉祥，在香港很多的傳統節日都會出現。好啦，我們快些加入舞火龍行列助慶吧！

大澳端午
龍舟遊涌

2011年被列入第三批
國家級非物質文化遺產名錄

端午節這天，大頭佛和獅子頭來到大澳，這裏的
房屋建築在水上，有「東方威尼斯」之稱。

你們好！我是鹹魚，是你們今天的導遊，我先向你們介紹大澳的概況。

大澳由大嶼山的小部分及大澳島組
成，靠兩條吊橋將兩岸連接。居民以
捕魚為主，鹹魚、蝦醬和魚肚是這裏
的特產。

請問大澳以前有什麼特別的傳說嗎？

有啊！十九世紀的時候大澳發生瘟疫，當地漁民在端午節這天將各間廟宇的神像放在小艇上，在水道中巡遊，結果瘟疫消除，從此成了每年舉辦一次的習俗。

這時，只見龍舟在鼓聲的帶動下，聲勢浩大地穿越大澳的主要水道。

啊！天后娘娘來了！

讓我來介紹吧！每年端午節，這裏的居民都會舉行龍舟巡遊，祈求平安。

它同一般的龍舟比賽有什麼不同呢？

由於這裏的龍舟比賽是由三個傳統漁業行會舉辦，所以會分成紅、白、黃三艘龍舟。每艘龍舟連鑼鼓手在內，共有36人。龍舟的龍頭會咬着青草，象徵「採青」*。

＊採青喻意為龍精虎猛、生意興隆。「採青」所用的「青」多以生菜為主，粵語「生菜」和「生財」讀音相近，有生財之意。

每艘龍舟後面都會拖着一艘小船,稱為「神艇」。船上放着神像,在各水道間巡遊。船上的人會把飯灑到水中,並沿途焚燒寶燭來祭祀水鬼。

龍舟會分別到大澳四間廟宇,即楊侯古廟、天后廟、關帝廟和洪聖廟請出小神像,祈求合家平安和驅除疾病。

侯王
原名楊亮節,南宋末年的國舅。元朝軍隊追殺宋帝時,楊亮節一直保護宋帝,逃到香港。他為人忠義,死後被世人建廟紀念。

天后娘娘
原名林默,生前熱心助人,能夠預測天氣,幫助漁民將出海的風險減低。死後被追封為媽祖,是亞洲沿海地區的精神信仰支柱。

關帝
原名關羽,字雲長,又稱為關公,是三國時期蜀國名將。一生忠義且幾乎戰無不勝,是中國歷史上著名的武將之一,因此有「武聖」之稱。

洪聖爺
原名洪熙,是唐代的廣州刺史。他為官清廉,致力推廣學習天文地理以惠澤商旅及漁民,死後被封為洪聖爺或赤帝,成為漁民守護神。

鵝頸橋
打小人

這天，大頭佛和獅子頭來到灣仔鵝頸橋遊覽。

救命呀！婆婆你打錯人了。你應該打小人*，而不是打我呀！

*小人：指邪惡的人。

啊！他們好像發生誤會了。

對不起，紙老虎，我真是老眼昏花了。

今天是農曆的驚蟄（音值）日，傳說是蟄伏*中的萬物被春雷驚醒的日子，而小人也會開始活動，四出害人，人們於是祭祀白虎星君來鎮壓小人，為自己帶來好運。

＊蟄伏：指動物冬眠，潛伏起來不食不動。

打小人是怎樣的？聽起來好像很有趣呢！

很多打手婆婆會在鵝頸橋幫人打小人。打小人之前先要準備以下各種祭品。

觀音像

舊鞋

小人紙

米粒

兩支蠟燭

貴人符

聖杯

男女小人

紙老虎

肥豬肉

水果

三支香

豬血

五鬼紙

百解符

傳說打手會先請觀音大士上身*，得到法力後，再唸口訣，希望能幫被小人禍害的人消災解難。

*上身：即附在身體上。

打小人口訣

其實打小人只是古人發洩憤怒和不滿的一種方法，小朋友千萬不要模仿和參與啊。

説得對，大家在日常生活上如果遇到不愉快的事情，應該找學校的社工或輔導組的老師傾訴及幫助。

大埔林村
許願樹

農曆新年過後的一天，大頭佛和獅子頭來到新界的大埔林村探訪許願樹。

許願樹，很久不見了，你好嗎？

他近來的健康不是很好。

44

唉，你們知道嗎？每逢過年過節，市民就會到樹前來參拜許願，並將寶牒拋上許願樹。他們認為寶牒拋得越高，願望就越容易實現。

人們把姓名、出生年月日及願望寫在寶牒上，附上百解符、貴人指引及祿馬衣等，再繫在橙上，然後拋到許願樹身上，令他嚴重受傷了。

貴人指引

百解符

祿馬衣

寶牒和燈

有什麼辦法可以幫助你嗎？

有的。2009年林村鄉公所用一棵約15呎高的塑膠許願樹，作為我的代用品讓市民拋寶牒，我可以退休了。這對我來說，實在太好了。

47

大家許願後，我們一起到大樹
後面的天后宮參拜祈福吧！

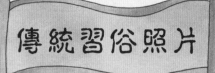

傳統習俗照片

小朋友，看完故事後，
我們再來看看照片吧！
你也可以請爸媽帶你去
看這些習俗喲！

歡迎來看大坑舞火龍！

這是大澳遊涌。

鵝頸橋打小人好熱鬧啊！

這是大埔
林村許願樹。

53

聽完故事，現在讓我考考大家啦！

1. 每年 ＿＿ ＿＿ 節，銅鑼灣大坑會舉辦舞火龍活動。

2. 火龍的身上插滿 ＿＿ ＿＿ ，跟隨兩顆 ＿＿ ＿＿ 舞動。

3. 大澳的居民每年都會舉行 ＿＿ ＿＿ ＿＿ ＿＿ ＿＿ ＿＿ ＿＿ 。

4. 大澳水鄉，有「東方 ＿＿ ＿＿ ＿＿」的美譽。

5. 大澳端午龍舟遊涌活動由＿＿ 艘龍舟組成。

6. 大澳遊涌的龍舟會分別到大澳四間廟，包括＿＿ ＿＿ ＿＿ ＿＿ 、

＿＿ ＿＿ ＿＿ 、 ＿＿ ＿＿ ＿＿ 和＿＿ ＿＿ ＿＿ 請出小神像巡遊。

7. 農曆的驚蟄日，民間會有 ＿＿ ＿＿ ＿＿ 活動。

8. 在香港，打小人大多在 ＿＿ ＿＿ 區進行。

9. 許願樹位於 ＿＿ ＿＿ ＿＿ ＿＿ 。

10. 市民會把願望寫在 ＿＿ ＿＿ 上拋向許願樹。

54

下圖是大坑舞火龍活動，請把錯誤出現的物品用筆圈出來。

答案請見第57頁。

配對連線

請大家試試把正確的圖畫和名稱連起來。

1.  •

• a. 許願牌

2.  •

• b. 龍珠

3.  •

• c. 打小人

4. •

• d. 龍船

5.  •

• e. 蝦醬

看完故事後，請你想一想，說一說：

1. 四個傳統習俗中，你最喜歡哪一個？為什麼？

2. 你還認識哪些傳統習俗？請向同學們介紹一下。

3. 你相信舉辦了舞火龍之後，瘟症會不會真的消除？為什麼？

4. 大澳端午龍舟遊涌活動的一個儀式是把飯粒灑到水中，並沿途焚燒寶燭，你認為這樣做會污染環境嗎？為什麼？

5. 你怎樣評價打小人的習俗？如果你有不開心的事，你會怎樣處理？

6. 你還想到什麼好方法可以幫助許願樹呢？

第55頁「尋找錯處」答案：

龍舟大變身

請你為這艘龍舟加上設計和人物吧！還可以用你的想像力加上太陽、雲彩、魚等東西喲！

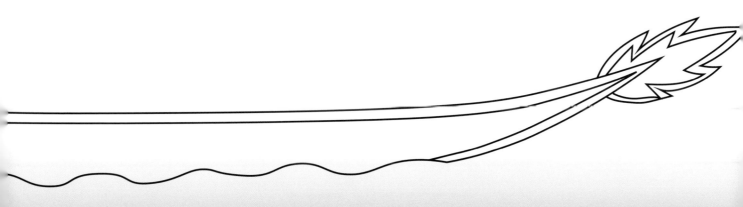

創意花牌

花牌在很多農曆節慶都會出現,你設計一個漂亮的花牌吧!

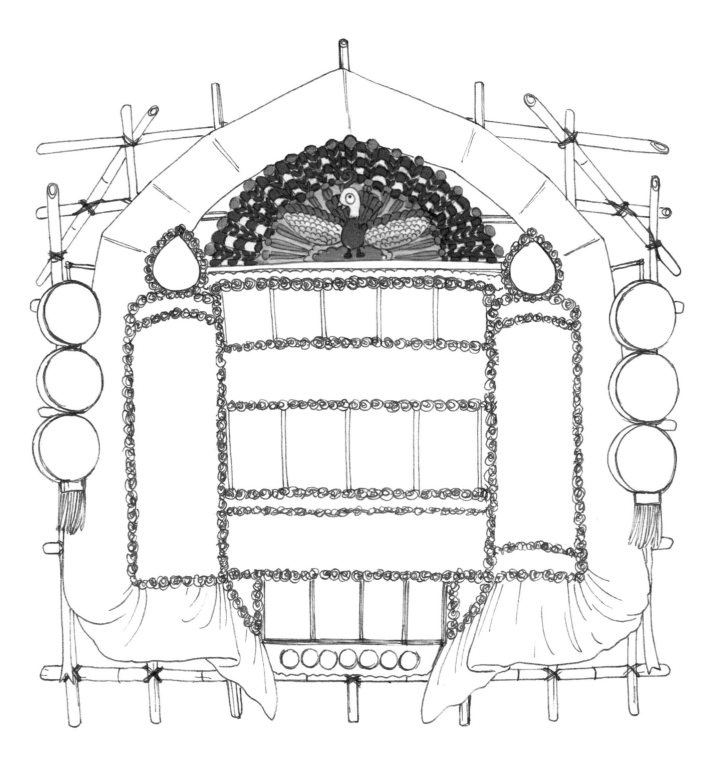

60

作者簡介

鄧子健

　　1980 年生於香港，2006 年成立藝術團體香港創意藝術會並出任會長至今，韓國文化藝術研究會營運幹事，韓中日文化協力委員會成員，香港青年藝術創作協會主席，Brother System Studio Co. 總監。

　　畢業於英國新特蘭大學平面設計系榮譽學士，香港大一藝術設計學院電腦插圖高級文憑課程，香港中文大學專業進修學院幼兒活動導師文憑。曾於韓國及中國多個地區，包括台灣、澳門、香港舉行個人畫展。

　　撰寫和繪畫作品包括：《中華傳統節日圖解小百科》系列、《香港傳統習俗故事》系列、《世界奇趣節慶》系列和《漫遊世界文化遺產》；繪畫作品包括：《五感識香港》和《橋相連，心相接：給孩子的香港故事》。